RÜCKBLICK

AUF DAS

ERSTE JAHRZEHNT

DER

KAISER-WILHELMS-UNIVERSITÄT

STRASSBURG

REDE GEHALTEN AM 1. MAI 1882

VOM

PRORECTOR DR. ADOLF MICHAELIS

O. PROFESSOR DER ARCHÄOLOGIE

STRASSBURG
Universitäts-Buchdruckerei von J. H. Ed. Heitz
Schlauchgasse, 5

1882

Hochansehnliche Versammlung!

Heute sind zehn Jahre verflossen seit jenem denkwürdigen Tage, da in glänzender, aus dem ganzen Deutschland, aus Oesterreich und der Schweiz beschickter Versammlung die alte hohe Schule zu Strassburg in verjüngter Gestalt wieder ins Leben gerufen ward, «auf dass an ihr», wie es im kaiserlichen Stiftungsbriefe hiess, «im Dienst der Wahrheit die Wissenschaft gepflegt, die Jugend gelehrt und so der Boden bereitet werde, auf welchem mit geistiger Erkenntniss wahrhafte Gottesfurcht und Hingebung für das Gemeinwesen gedeihen» sollten. Und fünf Jahre sind vorübergegangen, seit in Gegenwart des kaiserlichen Stifters und seines erlauchten Sohnes, unseres Kronprinzen, unser Rector öffentlich verkündigen durfte, dass die Friedensstiftung Seiner Majestät fortan den Ehrennamen Kaiser-Wilhelms-Universität tragen solle. Damals zeichnete der Prorector in kurzen markigen Zügen, was in den ersten fünf Jahren erstrebt und erreicht worden war. Lassen Sie mich versuchen das Bild zu ergänzen, indem ich einen Rückblick auf die Entwickelung unserer Universität in ihrem ersten Jahrzehnt werfe.

Als am 1. Mai 1872 die Universität eröffnet ward, konnte es nicht fehlen, dass — trotz der angestrengten und erfolgreichen Bemühungen des mit den Organisationsarbeiten betrauten Freiherrn von Roggenbach und aller derer, welche ihm bei diesem ehrenvollen Werke zur Seite standen — gar Vieles noch einen recht provisorischen Charakter trug. Wie in der Stadt selbst eifrige Hände beschäftigt waren, die noch vielerorts sichtbaren Spuren der vorangegangenen Ereignisse zu tilgen und ein neues Strassburg aus den Ruinen erstehen zu lassen, so musste auch für uns die erste Sorge sein, im Hinblick auf die ehrwürdigen Traditionen der alten reichsstädtischen Hochschule die Fakultäten der von Napoleon gestifteten Akademie zu unserer neuen deutschen Universität umzubilden. Eine sehr eingehende Berathung und Umgestaltung des ersten provisorischen Statuts nahm das Plenum der Docenten längere Zeit in Anspruch, und erst am 24. Februar 1875 erfolgte die kaiserliche Vollziehung des aus diesen Berathungen hervorgegangenen endgiltigen Statutes. Es ist selbstverständlich dass dieses sich im ganzen an die bewährten Satzungen der älteren deutschen Schwesteranstalten anschloss, doch haben wir geglaubt in manchen Punkten abweichen und inzwischen gewonnene Erfahrungen uns sogleich zu Nutze machen zu sollen. Den augenfälligsten Unterschied unserer Universität von den meisten älteren bildet die Fünfzahl unserer Fakultäten und die theilweise abweichende Vertheilung der Lehrfächer in diese, die Vereinigung der juristischen und der staatswissenschaftlichen Disciplinen in einer, und die Trennung der humanistischen und der mathematisch-naturwissenschaftlichen Fächer in zwei Fakultäten. Wir haben keinen Anlass diese in sich begründeten Abweichungen vom Herkommen zu bereuen. Eine sehr zweckmässige Neuerung, welche anscheinend eben jetzt auf weitere Kreise Anwendung finden soll, ist ferner die Bestimmung einer Altersgrenze von 65 Jahren, jenseits deren es dem Universitätslehrer gestattet ist sein Lehramt einer jüngeren Kraft einzuräumen und sich selbst für seinen Lebensabend ruhiger wissenschaftlicher Thätigkeit zu widmen. Sodann entspricht die Beschränkung des Sportelwesens einem allgemeinen und wohlberechtigten Zuge der Zeit, wie nicht minder der Verzicht auf die akademische Gerichtsbarkeit, welche seither auch an allen übrigen Universitäten Deutschlands der bürgerlichen Rechtsprechung Platz gemacht hat. Endlich hat sich auch die in unserem Statut vorgenommene Abgrenzung der Competenzen zwischen den Fakultäten, dem akademischen Senat und dem Plenum im Wesentlichen bewährt. Dass hie und da Unvollkommenheiten, sei es der Fassung sei es der Bestimmungen selbst, zu Tage getreten sind, darf nicht Wunder nehmen; jedoch wiegen diese Uebelstände nicht so schwer, dass es im Interesse der Universität geboten erschiene schon jetzt zu einer Revision des Statutes zu schreiten.

Wichtiger als einzelne Statutenbestimmungen war die Organisation der L e h r t h ä t i g k e i t der Docenten. Im ersten Semester waren 46 Professoren, darunter zehn der ehemaligen Akademie, thätig: fünf weitere Professoren waren schon ernannt, konnten aber erst im nächsten Winter eintreten. Ausserdem führten sieben Professoren der alten *faculté de médecine* neben der neuen Universität ihren begonnenen Jahreskurs zu Ende. Für das zweite Semester wies das Verzeichniss bereits 68 Professoren auf, darunter 16 ausserordentliche; auch vertraten zwei Privatdocenten dies für das Gedeihen der deutschen Universitäten so wesentliche Element. Mancherlei Lücken machten sich auch weiterhin geltend und wurden durch die Fürsorge des Curatoriums und der übrigen hohen vorgesetzten Behörden thunlichst ausgefüllt. So setzt sich denn unser Lehrkörper im gegenwärtigen Semester aus nicht weniger als 66 ordentlichen Professoren (darunter 4 emeritierten), einem Honorarprofessor, 11 ausserordentlichen Professoren, 27 Privatdocenten und 3 Lectoren zusammen. Es betheiligt sich also die stattliche Anzahl von 104 Docenten an der Lehrthätigkeit, welche 250 Vorlesungen und Uebungen umfasst; und zwar — was sogleich hinzugefügt werden mag — sind das nicht bloss Zahlen, sondern die Fälle sind verhältnissmässig selten, dass eine angekündigte Vorlesung aus Mangel an Theilnahme ausfiele.

Freilich hatte der Lehrkörper unserer Universität während dieser zehn Jahre nicht bloss Zuwachs, sondern auch eine ganze Reihe schwerer Verluste zu erfahren. Wenn in diesem Zeitraum nur sieben unserer Collegen durch den Tod aus unserer Mitte abberufen worden sind, darunter fünf in einem Alter, welches im gewöhnlichen Laufe der Dinge die Grenze des Lebens zu bilden pflegt — mit Ehrfurcht gedenke ich unter ihnen des ersten Rectors, des achtzigjährigen jugendfrischen Dr. Bruch —, so liegt der Grund darin, dass namentlich von den neu eintretenden Lehrern weitaus die Mehrzahl sich der vollen Kraft ihrer Jahre erfreute. Stand doch das Durchschnittsalter der neuberufenen Ordinarien von 39 Jahren (im Wintersemester 1872/73) so sehr hinter dem allgemeinen Durchschnittsalter deutscher Ordinarien von 53, oder gar hinter dem damaligen der Ordinarien in Berlin von 62 Jahren zurück, dass wir in der That den bereits hier anwesenden älteren Collegen sehr dankbar sein mussten, dass mit ihrer Hilfe unser Durchschnittsalter auf die minder unschickliche Zahl von 45 Jahren gebracht ward, immerhin noch eine so niedrige Ziffer, wie sie keine deutsche Universität, von ausserdeutschen Universitäten deutscher Zunge nur Innsbruck aufzuweisen hatte. Seitdem hat sich die anfängliche Anomalie auf dem natürlichsten Wege noch weiter gemildert, und das Durchschnittsalter unserer Ordinarien von 48 ½ Jahren im letzten Wintersemester nähert sich, wenn es auch noch immer uns eine der niedrigsten Stellen unter den deutschen Universitäten anweist, doch schon mehr dem Normalalter deutscher Professoren, so dass wir gegründete Hoffnung haben, mit der Zeit immer weniger bei unseren auswärtigen Collegen durch allzu grosse Jugendlichkeit Anstoss zu erregen.

Zahlreicher als die Todesfälle sind die Verluste, welche die mit dem Gedeihen und Blühen der deutschen Universitäten aufs engste verknüpfte Freizügigkeit der Docenten uns geschlagen hat. Freilich ward zunächst durch ein Abkommen mit dem grössten und an Universitäten reichsten Staate Deutschlands dafür Sorge getragen, dass das junge in den neugewonnenen Boden gepflanzte Reis nicht allzu früh und zu stark beschnitten, seiner Zweige und Blüthen beraubt würde, sondern dass ihm die Ruhe gewahrt bliebe, welche zum Festwurzeln und Wachsen nöthig ist. Allein auch abgesehen davon dass dies Abkommen für die ausserpreussischen Universitäten keine Geltung hatte, erwiesen sich die Verhältnisse bald mächtiger als diese Vorsichtsmassregel. Leipzig begann damit empfindliche Lücken in unseren Kreis zu reissen; andere Universitäten folgten, und auch die preussischen blieben nicht zurück. Es ist jawohl nicht eben ein ungünstiges Zeichen für die ursprüngliche Auswahl, dass gerade Berlin, Leipzig, München, Göttingen vorzugsweise sich um Mitglieder unserer Universität bemühten und dass beispielsweise nicht weniger als fünf unserer Collegen an die erste Universität des Reiches berufen worden sind. Damit war denn auch die Art von Schutzwall, welche uns anfangs umgab, hinweggeräumt; unsere Position den übrigen Universitäten gegenüber war genügend erstarkt um sich selbst zu schützen, und niemand empfand dringender das Bedürfniss jene einengenden Schranken zu beseitigen als wir selbst. Denn so wie im Bereich der Gedanken und der Wissenschaft keine Zollschranken und kein Schutzzoll bestehen können, so ist auch für die Vertreter der Wissenschaft die Freizügigkeit, für die Gesammtheit der Gelehrtenrepublik ein ungehemmter Wechsel und freier Austausch der einzelnen Elemente eine der wichtigsten Bedingungen gesunden Lebens und stets erneuten frischen Gedeihens.

Im Ganzen haben in dem verflossenen Zeitraum 13 ordentliche Professoren unsere Hochschule mit einer grösseren Lehrthätigkeit oder einer ähnlichen Stellung anderswo vertauscht. Aus dem Kreise unserer Extraordinarien sind 14, meist als Ordinarien, von unseren Privatdocenten (es haben sich im Laufe dieser zehn Jahre 45 hier habilitiert) neun als Professoren an andere Lehranstalten berufen worden, während fünf hier eine Professur erhalten, sechs anderweitige Stellungen auswärts angenommen haben. Fünf unserer Professoren sind emeritiert worden, drei Lectoren haben ihre Stellen niedergelegt. Wenn alle diese Verluste, und zwar meistens in kürzester Frist, wieder ausgeglichen worden sind, so gebührt der Dank dafür nicht zum geringsten Theile der Umsicht und Liberalität der hohen vorgesetzten Behörden. Vor allem aber fühle ich mich gedrungen, dem Manne, welcher diese zehn Jahre hindurch der Universität seine besondere Fürsorge widmet, unserem Curator Herrn Unterstaatssekretär Ledderhose, die dankbare Anerkennung der Universität auszusprechen, nicht bloss für den Eifer, mit welchem er sich neben den anderen akademischen Interessen auch der nicht immer leichten und dornenlosen Aufgabe der Ergänzung der Lehrkräfte widmet, sondern noch ganz besonders für die volle Harmonie mit den Wünschen der Fakultäten, in welcher er diese Verhandlungen zu leiten und meistens in einer für uns so erwünschten und glücklichen Weise zu Ende zu führen versteht.

Die stattliche Anzahl der Lehrer konnte anfangs wohl die Furcht erwecken, dass hier ein Generalstab ohne Armee geschaffen worden sei, ein Lehrkörper ohne Lernende. In der That war die Studentenzahl des ersten Semesters, gegenüber hochgespannten Erwartungen, welche hie und da laut geworden waren, recht bescheiden : die Zahl der Immatrikulierten belief sich auf nur 212. Wie hätte es auch anders sein können, wo alle Verhältnisse noch ungefestigt und chaotisch durch einander wogten und einem ruhigen, geordneten Studium sich alle Arten von Hindernissen in den Weg stellten? Allein bald änderte sich das. Mit der steigenden Ordnung in der Gesammtorganisation, mit der wachsenden Vollständigkeit des Lehrkörpers, mit der geregelten Thätigkeit der Institute, mit der grösseren Klärung aller Verhältnisse hob sich rasch die Zahl der Studenten. Schon im zweiten Semester betrug sie fast das Doppelte des ersten, und regelmässig stieg sie, bis im zehnten Semester 707 immatrikulierte Studenten und 56 Hospitanten, zusammen also 763 Besucher der Universität verzeichnet werden konnten. Aber diese Zahlen waren nicht genau, weil es damals noch an den Mitteln fehlte die Anzahl der ohne Abgangszeugniss von uns Geschiedenen mit Sicherheit festzustellen. Sobald diese Erkenntniss gewonnen war, zögerte der Senat nicht die nöthigen Massregeln zu treffen, dass fortan nur die wirklich Anwesenden in unseren Listen geführt würden, unbekümmert um den bösen Schein, dass plötzlich — noch dazu in demselben Semester wo Seine Majestät der Kaiser uns die Ehre seines Besuches erwies — die Zahl von 707, bezw. 763, auf 624, bezw. 658 herabsank. Die Selbstverleugnung ward belohnt : nach vier Semestern, im Sommer 1879, waren die früheren ungenauen Zahlen erheblich überschritten, indem die Immatrikulierten sich auf 742, die gesammten Zuhörer auf 798 beliefen. Seitdem bewegt sich die Zahl der Immatrikulierten regelmässig innerhalb des achten Hunderts bis hinauf zu 788, dem Bestande des letzten Semesters, während die Gesammtzahl der Hörer fast immer die Zahl von 800 überschreitet, bis zu der auch hier höchsten Ziffer von 825 im vergangenen Winter.

Bekanntlich wirkt auf den Besuch einer Universität keineswegs bloss die Zahl, der Name, die Tüchtigkeit der Lehrer oder die Güte der wissenschaftlichen Anstalten und Einrichtungen ein, sondern noch gar mannigfaltige andere Verhältnisse üben hier ihren Einfluss : die Lage des Ortes, die Theuerungsverhältnisse, die gesammten socialen Zustände, die Formen des studentischen Lebens, die Reize, welche Natur, Kunst und Geselligkeit bieten, und was sich sonst noch an dergleichen Factoren aufzählen liesse. Wenn wir alle diese Verhältnisse unbefangen erwägen, so dürfen wir meines Erachtens auf die angeführten Zahlen nicht ohne Befriedigung blicken, und dürfen es als eine günstige Thatsache betrachten, dass die jüngste deutsche Hochschule hinsichtlich ihrer Frequenz, trotz vielfacher Schwierigkeiten, von der drittletzten Stelle, welche sie zuerst unter ihren Schwestern einnahm, sich während ihres ersten Jahrzehnts auf die zwölfte Stelle, also etwa in die Mitte der 21 deutschen Universitäten emporgearbeitet hat. Und wenn der ganz ungewöhnlich starke Zudrang zu den Universitätsstudien, welcher in ganz Deutschland die letzten Semester charakterisiert, uns weit weniger berührt hat als viele der

Schwesteranstalten jenseits des Rheins, so ist es sicherlich keine sanguinische Hoffnung, dass nach Vollendung unseres Collegienhauses und aller der medicinischen und naturwissenschaftlichen Anstalten, welche jetzt im Bau begriffen oder noch im Plane sind, die Zahl unserer Commilitonen sich nicht unerheblich steigern wird; wenn es auch gerathen sein dürfte, die Erwartungen nicht allzu hoch zu spannen. Ein wesentlicher Aufschwung der Frequenz wird erst dann zu erwarten sein, wenn die Einwohner dieses Landes, zu deren wissenschaftlicher Ausbildung unsere Universität, wenn auch keineswegs ausschliesslich, so doch zunächst gestiftet worden ist, sich mehr und mehr von der Ueberzeugung durchdringen lassen, dass es in ihrem eigensten wohlverstandenen Interesse ist, ihre Söhne in grösserer Zahl zu dieser Quelle höherer Bildung hinzuleiten. Erst dann wird es möglich sein, dem Lande nicht bloss seine Pfarrer und Aerzte, sondern auch seine Richter, seine Verwaltungsbeamten, seine Lehrer aus dem Kreise der einheimischen, von Geburt an mit den Interessen der Heimat verwachsenen Männer zu geben; erst dann wird jener Contact mit deutscher Wissenschaft, mit deutschem Denken und Empfinden wieder lebendig werden, welcher in alten Zeiten dem Elsass einen so hervorragenden Platz in dem Kulturleben unseres Volkes gesichert hat. Kommen wird sicherlich die Zeit, da, was wir heute hoffen, zur greifbaren Wirklichkeit wird; dass sie bald komme, ist unser sehnlicher Wunsch, weit mehr noch als im eigenen Interesse, in dem des engeren wie des grossen Vaterlandes. So begrüssen wir denn gern als Bürgschaft eines stätigen Fortschritts die vorhin schon berührte Thatsache, dass in dem verflossenen Semester die Zahl der Elsass-Lothringer wenigstens mehr als ein Viertel unserer immatrikulierten Studenten ausmachte; so wenig auch eine Anzahl von 209 Studenten der Normalzahl entspricht, welche mit der Grösse und Bedeutung des Reichslandes im Einklang stehen würde, vollends wenn wir bedenken, dass ein erheblicher Bruchtheil dieser Ziffer auf Söhne solcher Familien entfällt, welche erst seit 1871 diesem Lande angehören.

In den ersten Jahren unseres Wirkens erhielt die Thätigkeit und das ganze Leben unserer Studenten dadurch ein eigenthümliches Gepräge, dass die meisten bereits den höheren Semestern angehörten, nicht wenige mit dem ausgesprochenen Zwecke hierher kamen, ihre Studien hier abzuschliessen. Dazu kam der von patriotischer Stimmung getragene Ernst, welcher die meisten herzuwandernden Musensöhne belebte und hob. So ward denn nicht mit Unrecht Strassburg vielfach als eine «Arbeitsuniversität» bezeichnet, und gern liessen wir uns diese ehrende Bezeichnung gefallen. Mit der Zeit haben sich selbstverständlich den älteren Studentengenerationen auch jüngere Semester zugesellt, und eine grössere Mannigfaltigkeit des studentischen Treibens ist an die Stelle der blossen Arbeit getreten. Aber auch jetzt glauben wir den Anspruch auf jene Bezeichnung nicht ganz verloren zu haben; unsere Vorlesungen und Seminare, unsere Kliniken und Laboratorien legen von regem wissenschaftlichem Eifer unserer Zuhörer Zeugniss ab, und die Zahl derer, welche hier ihre letzten arbeitsvollen Semester zubringen und, sei es im Staatsexamen sei es durch die Promotion, das Siegel auf ihre akademischen Studien drücken, ist noch immer sehr bedeutend. Auch das darf ich anführen, dass das akademische Disciplinaramt, wenn es auch nicht ohne alle ernsteren Conflicte abgegangen ist, doch bei uns mindestens nicht mehr in Anspruch genommen wird als an den älteren Universitäten. Die Nothwendigkeit einen Studenten von der Universität zu verweisen, ist bisher in 15 Fällen eingetreten. Einmal hat auch die analoge Massregel der

Auflösung gegen eine der studentischen Verbindungen ergriffen werden müssen.

Ein Blick auf das Vereins- und Corporationswesen unserer Studentenschaft ist vielleicht nicht ohne Interesse. Wohl Mancher mag gedacht haben, als eine deutsche Universität hier auf lange entfremdetem Boden, inmitten einer der Art deutscher Hochschulen völlig ungewohnten Bevölkerung neubegründet ward, es möchte hier die günstigste Gelegenheit geboten sein und benutzt werden, mit manchen mehr durch das Herkommen geduldeten als in sich sonderlich berechtigten Eigenthümlichkeiten des studentischen Lebens zu brechen und nach neuen Formen für dasselbe zu suchen. Diese Erwartung sollte nicht in Erfüllung gehen. Nur in dem Ausschuss der Studentenschaft, welcher seit dem Sommer 1877 besteht und die gemeinsamen studentischen Interessen besonders socialer und repräsentativer Natur vertritt, ist eine Institution ins Leben getreten, welche den meisten übrigen Universitäten mangelt, die sich uns aber bisher für die Ausführung ihrer fest umschriebenen Thätigkeit als durchaus zweckmässig bewährt hat. Im Uebrigen zeigt sich das etwas unsichere Tasten auf diesem Gebiete in der Thatsache, dass zu einer bereits aus früherer Zeit hier bestehenden Verbindung und zu einem wesentlich theologischen Verein während dieser zehn Jahre nicht weniger als 36 neue Verbindungen und Vereine aller Art hinzugetreten sind, von denen allerdings zwölf nur kurzen Bestand gehabt haben. Jetzt gibt es hier 13 Vereine zu wissenschaftlichen oder ähnlichen Zwecken, ferner 3 Corps und 2 Burschenschaften, endlich 6 Vereine von vorwiegend geselligem Charakter. In besonders engem Verhältniss zu der Universität steht der akademische Gesangverein, welcher nun schon seit neun Jahren unter Leitung eines akademischen Lehrers seine sangesfrohe Thätigkeit entfaltet.

In einem Punkte schien Strassburg von vornherein hinter gar vielen Schwesteranstalten zurückstehen zu müssen, hinsichtlich der Stipendien, welche bedürftige und würdige Studenten in ihren Studien zu fördern bestimmt sind. Allein diese Befürchtung erwies sich alsbald als unbegründet. Nicht allein dass aus Staatsmitteln eine ansehnliche Summe alljährlich zu diesem Zwecke ausgesetzt ward, sondern der neuen Hochschule wurden sofort an ihrem Geburtsfeste reiche Angebinde in die Wiege gelegt. Unser damaliger Oberpräsident Herr von Möller spendete ein stattliches Stipendium ausdrücklich für Elsass-Lothringer; der Oberpräsident von Westfalen Herr von Kühlwetter setzte aus Provinzialfonds eine Stiftung zum Besten hier studierender Westfalen ein; Herr Professor von Holtzendorff widmete dem Andenken seines verstorbenen Vaters ein Stipendium. Auf Anregung desselben Mannes hatte sich in der Reichshauptstadt ein Ausschuss gebildet zur Begründung eines Bismarckstipendiums, das nach Jahresfrist in dem ansehnlichen Betrage von mehr als 150000 Mark der Universität überwiesen ward. Am Gründungstage unserer Hochschule traten ferner in Chemnitz patriotische Bürger zu einem ähnlichen Zwecke zusammen, und noch im Laufe desselben Sommers ward uns das «Chemnitzer Stipendium» überreicht. Wenige Jahre später hat ein scheidender College, Herr Professor Leyden, bald darauf ein um die Verwaltung unseres Landes hochverdienter Beamter, der verstorbene Bezirkspräsident des Oberelsasses, Freiherr von der Heydt, mit seiner Gemahlin schöne Denkmale ihres hiesigen Wirkens gestiftet, indem sie durch Gründung von Stipendien das Andenken an die Spender unter uns rege erhielten. Den neuesten Beweis ähnlicher Theilnahme an unseren wissenschaftlichen wie patriotischen Aufgaben habe ich schon vorher zu nennen gehabt: die Stiftung des verstorbenen pfälzischen Pfarrers

Zinn. So haben uns denn in der That diese zehn Jahre eine so reiche Fülle von äusseren Förderungsmitteln für die Studien unserer Zöglinge gebracht, wie sie wohl in alten Zeiten üblich war, wie sie dagegen heutzutage nur in solchen Ausnahmefällen sich einstellen dürfte, dergleichen einer in der Stiftung unserer Universität im neuen deutschen Reichslande vorlag. Dank, warmer Dank sei nochmals allen den hochherzigen Gönnern und Gebern ausgesprochen, die mit der Förderung wissenschaftlicher Zwecke zugleich dem Vaterlande einen Dienst erwiesen haben, dessen Segen sich von Jahr zu Jahr erneuern und verstärken wird.

Nicht minderer Dank gebührt aber dem hiesigen Thomasstift, welches schon seit den Zeiten der alten reichsstädtischen Hochschule über sehr bedeutende Stipendien zur Förderung akademischer Studien verfügt und diese seit der Neugründung unserer Universität in den Dienst derselben gestellt hat. Mehr und mehr machte sich aber das Bedürfniss geltend, dass diese reichen Studienmittel möglichst im Zusammenhange mit sämmtlichen übrigen zu gleichen oder ähnlichen Zwecken verfügbaren Mitteln verwandt und dass demgemäss den akademischen Lehrern ein Einfluss auf die Vertheilung der Stipendien eingeräumt werden möchte. Sobald eine mehrjährige Differenz in Betreff der Verfügung über die Entschädigungssumme, welche für die verbrannte Bibliothek des protestantischen Seminars ausgezahlt worden war, auf dem Wege gütlichen Vergleiches zwischen der akademischen Behörde und dem Thomaskapitel beigelegt worden war, ist das letztere bereitwillig auf die vorhin bezeichneten Gesichtspunkte eingegangen. Seit dem Jahre 1877 besteht darüber ein vorläufiges Abkommen, das zwei Jahre später in Wirksamkeit getreten ist. Dadurch ist die berathende Mitwirkung der Fakultäten bei der dem Kapitel zustehenden Verleihung der Stipendien in einer einfachen Weise geregelt, die sich als durchaus zweckmässig erwiesen hat und eine möglichst sachgemässe, die Studienzwecke im Sinne der Stifter am besten fördernde Verwendung der Stipendien sichert. Diese Ordnung hat sich so bewährt, dass die Universität vollkommen mit dem Thomaskapitel in dem Wunsche übereinstimmt, dass ihr baldmöglichst von Seiten der Regierung ein definitiver Charakter verliehen werden möge. Die Universität ist besonders erfreut in dieser gemeinsamen Thätigkeit des altehrwürdigen Thomasstiftes und der jungen Hochschule ein enges Band gemeinsamer Interessen zu besitzen, welches das alte und das neue Strassburg, die alte und die neue Universität mit einander verbindet und so die Bestrebungen der Gegenwart mit den Errungenschaften einer ruhmvollen Vergangenheit verknüpft.

Zu den äusseren Förderungsmitteln der Studien gehören auch die Preise, welche unser Statut den einzelnen Fakultäten zu alljährlicher Vertheilung zuweist. Es lässt sich nicht verkennen, dass die Einrichtung der Preisaufgaben sich heutzutage bei den Studenten nicht mehr der gleichen Beliebtheit wie in früheren Zeiten erfreut. So ist denn auch bei uns mehrfach die eine oder die andere Fakultät ohne Bewerber um die von ihr gestellten Aufgaben geblieben. Indessen hat es doch in keinem Jahre an Jünglingen gefehlt, die den Muth besassen die Hand nach dem dargebotenen Kranze auszustrecken, und die Energie ihn sich mit strenger Geistesarbeit zu erringen. Dass in der That fast nur solche, welche mit vollem Eifer sich der Lösung der Aufgabe gewidmet hatten, als Bewerber aufgetreten sind, geht daraus hervor, dass während dieses Jahrzehnts von 61 eingereichten Arbeiten 44 mit dem vollen Preise, 9 mit einem Theilpreise, 2 mit einer lobenden Erwähnung bedacht werden konnten, während nur 6 Bewerbungen ganz abgewiesen werden mussten. Im ganzen dürfen wir dies

Ergebniss als befriedigend ansehen, und zwar um so mehr, als die Qualität mehrerer unter den preisgekrönten Arbeiten in der That ungewöhnlich war. Dennoch lässt sich der Wunsch nicht unterdrücken, dass strebsame Studenten in vorgerückten Semestern noch eifriger die dargebotene Gelegenheit benutzen möchten, die ganze Energie ihrer Arbeit an die Lösung der ihnen vorgeschlagenen wissenschaftlichen Aufgaben zu setzen und damit den ersten Schritt auf der Bahn selbständigen Forschens zu wagen. Sie mögen es sich zum Sporn und Vorbild dienen lassen, dass mehr als einer unserer preisgekrönten Bewerber sich auch weiterhin in der Wissenschaft einen geachteten Namen gemacht hat, mehr als einer in ansehnlicher Stellung, sei es an Universitäten sei es an anderem Platze, den hier von ihm gepflegten Studien und damit der *alma mater* selbst, an der er das erste Zeugniss für diese Studien ablegte, Ehre macht.

Eine lebhaftere Regsamkeit in dieser Richtung würde auch den andern beiden Preisstiftungen zu gute kommen, die an unserer Universität bestehen, der von Herrn Professor Max Müller in Oxford zum Andenken an seine kurze hiesige Wirksamkeit im Sommer 1872 gegründeten für Aufgaben aus dem Gebiete der vedischen Litteratur, und derjenigen welche Herr Dr. Eduard Lobstein in Heidelberg anlässlich der Eröffnung der neuen Anatomie dem Gedächtniss seines Vaters Johann Friedrich Lobstein, des Begründers unseres pathologisch-anatomischen Museums, gewidmet hat. Bisher hat erst einmal ein Max-Müllerscher Preis für eine allerdings ausgezeichnete Arbeit verliehen werden können. Anders steht es mit der etwas älteren Lameystiftung, welche die Lösung einer Frage der Kunst, der Litteratur oder der Verbesserung der gesellschaftlichen Zustände zum Ziele hat. Gemäss dem allgemeineren Charakter solcher Aufgaben und der unbeschränkten Bewerbungsfähigkeit über die Universitätskreise hinaus pflegen auch zahlreiche Lösungsversuche einzulaufen, jedoch bleibt zu wünschen, dass die Ergebnisse dieser Bemühungen in Zukunft dem hohen Sinne des Stifters vollkommener entsprechen möchten, als dies leider bisher der Fall war.

Wenn die Stipendien und die Preisaufgaben ausschliesslich oder ganz vorwiegend auf die Förderung der Studien unserer Studenten abzielen, so verfolgen andere akademische oder mit der Universität verbundene Institute allgemeinere Zwecke. Hier nenne ich vor allen die Universitäts- und Landesbibliothek, die wahrhaft grossartige Schöpfung, welche Dank der kräftigen und einsichtigen Initiative ihres späteren Vorstandes, Dank der patriotischen Freigebigkeit unzähliger Anstalten und Einzelner, an deren Spitze Seine Majestät der Kaiser steht, Dank den beträchtlichen vom Reiche wie vom Reichslande bewilligten Mitteln binnen wenig mehr als zehn Jahren aus dem Nichts zu einer der stattlichsten Bibliotheken nicht Deutschlands allein geworden ist. Etwa 120 000 Bände besass die Bibliothek nach einem halben Jahre ihres Bestehens, als die Universität gegründet ward. Fünf Jahre später hatte sich der Bestand auf mehr als 400 000 Bände gehoben, und im Beginn des laufenden Jahres war die halbe Million bereits erheblich überschritten (524 900 Bände). Auch noch während der letzten Jahre gieng ungefähr der dritte Theil des Zuwachses als Geschenke ein; im letztverflossenen Jahre allein erhielt die Bibliothek in 883 Schenkungen aus den verschiedensten Theilen Deutschlands und des Auslandes eine Anzahl von 7 623 Bänden. Und dass diese Schätze nicht vergraben sind, sondern vielfältigen Zins tragen, beweist die unverhältnissmässig starke Benutzung. Während an anderen Universitätsbibliotheken eine Ausgabe von 15—20 000 Bänden im Jahre schon für ungewöhnlich gilt, hat sich hier die Zahl der ausserhalb des Bibliothekslokals benutzten Bände in rascher Steigerung von 16 000 im Jahre 1873 auf mehr als 67 000 Bände in jedem der letzten beiden Jahren gehoben; ungerechnet die auf dem Lesezimmer der Bibliothek benutzten Werke und die auf dem akademischen Lesezimmer ausgelegte sehr reiche Auswahl von Zeitschriften. In zehn Jahren sind 440 000 Bände verliehen worden, d. h. nicht viel weniger Bände als die Bibliothek jetzt umfasst. An dieser ausserordentlich starken Benutzung nimmt die Universität zu fast zwei Dritteln theil, mehr als ein Drittel fällt dem Lande zu; etwa der zehnte Theil aller ausgeliehenen Bücher wird in eigens dafür eingerichteten Kisten nach ausserhalb Strassburgs versandt.

Ein so glänzendes Resultat ist nur durch die sehr liberalen Verwaltungsgrundsätze erreichbar gewesen, durch deren Aufstellung und Befolgung der hochverdiente Begründer und Leiter der Bibliothek, Herr Professor Barack, seinen übrigen grossen Verdiensten um diese die Krone aufgesetzt hat. Ich betrachte es als eine schöne Pflicht, den Dank dafür am heutigen festlichen Tage ihm selbst und allen seinen Gehilfen am hohen Werke auszusprechen und daran den herzlichen Wunsch zu knüpfen, dass die huldvolle Theilnahme der vorgesetzten Behörden, eine wohlverstandene Liberalität des Landesausschusses, eine andauernde Spendelust weiter Kreise, endlich ungebrochene eigene Kraft und unerschütterliche Schaffensfreudigkeit die Vorstände unserer Universitäts- und Landesbibliothek auch fernerhin in den Stand setzen mögen, das Füllhorn ihres Bildung spendenden Segens über diese Hochschule, diese Stadt, dieses Land auszuschütten.

Im Zusammenhange mit der Bibliothek verdient noch eine besondere Erwähnung das Legat des in Würzburg verstorbenen Professors Karl Textor, der seine medicinische Bibliothek unserer Hochschule vermachte. Der Senat hat es für das angemessenste erachtet, dies schöne

Geschenk der Universität- und Landesbibliothek zu überweisen und nur die immerhin noch zahlreichen und ansehnlichen Doubletten den einzelnen medicinischen Anstalten zur Verfügung zu stellen.

Der Bibliothek schliessen sich die specieller akademischen Institute, die Kliniken, Laboratorien, Seminare u. s. w. an. In den medicinischen und naturwissenschaftlichen Fächern wird ja seit langer Zeit ein Hauptnachdruck auf die Anschauung und die eigene praktische Bethätigung der Zöglinge gelegt. Umfassende Sammlungen und geeignete Arbeitsräume sind daher für beide Zweige der Naturwissenschaft eine der ersten Bedingungen erspriesslicher Wirksamkeit. Die medicinische Fakultät fand in den Einrichtungen der *faculté de médecine* und in dem grossartigen städtischen Spital den Boden für ihre Thätigkeit so weit vorbereitet, dass sie sich wenigstens gleich ans Werk machen konnte, wenn es auch sofort klar war, dass für solche Förderung wissenschaftlicher und praktischer Zwecke, wie sie die heutige Wissenschaft verlangen muss und wie sie von ihren Vertretern erwartet wird, die vorhandenen Anstalten nicht entfernt ausreichten, auch nicht mit Hilfe einiger Nothbauten, welche alsbald hergestellt wurden. Noch mangelhafter waren die Einrichtungen für die verschiedenen naturwissenschaftlichen Disciplinen in den Baulichkeiten der Akademie. Auch hier bedurfte es mancher provisorischer Aushilfsmittel um nur für die nächste Zeit den Aufgaben der Forschung und des Lehramtes nothdürftig gerecht werden zu können. Waren demnach die Arbeitsräume durchweg ungenügend, so haben sich doch wenigstens die Sammlungen in erfreulicher Weise vermehren lassen, und auch hier ist neben der Gewährung erheblicher staatlicher Mittel die opferfreudige Freigebigkeit dankbar zu erwähnen, mit welcher von den verschiedensten Seiten den Instituten unaufhörlich Geschenke zugeflossen sind und zufliessen. Es ist ein wahrhaft erhebendes Gefühl, die nachhaltige Wärme des Interesses zu beobachten, welches aus fast allen Theilen der gebildeten Welt unserer Hochschule und allen ihren Anstalten entgegengebracht wird.

Als eine Ergänzung der hiesigen medicinischen und naturwissenschaftlichen Institute kann das bereits im Jahre 1873 seitens des Curatoriums für achtzehn Jahre erworbene Anrecht auf einen Arbeitstisch in der unter Herrn Dr. Dohrns Leitung stehenden zoologischen Station zu Neapel betrachtet werden. Von diesem Recht ist sowohl von Docenten wie von Schülern fleissiger Gebrauch gemacht worden.

Von den drei anderen Fakultäten war die theologische in der glücklichen Lage, in den altgewohnten Räumen des Thomasstiftes und in der hergebrachten Weise die erprobten Traditionen einer Körperschaft fortzusetzen, deren Ruf seit lange diesseits und jenseits des Rheins festbegründet war. Die rechts- und staatswissenschaftliche Fakultät war schon in dieser ihrer Doppelheit ungewöhnlich, die philosophische Fakultät hatte sich wesentlich neu zu gestalten. Wohl der eigenthümlichste Zug in der hier zur Geltung gekommenen Studienordnung dieser beiden Fakultäten ist der starke Nachdruck, welcher auch hier, wie bei den Medicinern und Naturforschern, auf die Entwickelung der selbständigen Thätigkeit der Zöglinge durch seminaristische Uebungen gelegt wird. Seminare haben freilich auch schon lange vor der Gründung unserer Universität bestanden, und in manchen Disciplinen, vor allem in der Philologie und in der Geschichte, gehörten sie bereits überall zu dem festen Bestande der Studienmittel. Aber einmal die Consequenz, mit welcher die seminaristische Thätigkeit hier in fast allen Fächern durchgeführt wird, und ferner die reichere Ausstattung der einzelnen Seminare mit den zur Erreichung ihrer Zwecke erforderlichen Lehrmitteln — das sind doch

Züge, welche bis dahin nirgends so scharf ausgeprägt waren wie hier, und deren Nachwirkung auf andere Universitäten leicht verfolgbar ist. Die rechts- und staatswissenschaftliche Fakultät verfügt über zwei Seminare, deren verschiedene Abtheilungen unter der Leitung der einzelnen Docenten stehen. In der philosophischen Fakultät bestehen elf Seminare oder ähnliche Institute, zum grossen Theil in mehrere Abtheilungen gegliedert, deren Uebungen von sechzehn Docenten geleitet werden. Dazu kommt noch das mathematische Seminar mit zwei Direktoren. Die meisten dieser Institute sind nicht blos für die unter Leitung der Docenten stattfindenden Uebungen bestimmt, sondern sie bieten den Studenten zugleich Arbeitsräume, in denen sie im Stande sind mit Hilfe der vorhandenen Bibliotheken oder sonstigen Sammlungen und, wenn nöthig, unter dem Beirath der Direktoren oder Assistenten sich zu eigener Arbeit heranzubilden. Die Seminarbibliotheken sind meistens gut, zum Theil vortrefflich ausgestattet; das kunstarchäologische Institut verfügt über eine ansehnliche Sammlung von Abgüssen, das kunsthistorische über einen reichen Apparat von Kunstblättern, das geographische Seminar über eine Anzahl entsprechender Apparate. In dieser Beziehung dürfte Strassburg den meisten andern Universitäten voranstehen, und dankend haben wir anzuerkennen, dass die vorgesetzten Behörden bereitwillig diese neue Organisation der Lehrthätigkeit gefördert und mit den nöthigsten Mitteln ausgestattet haben. Dabei darf nicht verkannt werden, dass die Seminarthätigkeit, sollte sie allzu einseitig betrieben werden und nicht in den Vorlesungen ihre durchaus nothwendige Ergänzung finden, leicht die Gefahr in sich bergen könnte ihren Hauptzweck zu verfehlen und an die Stelle einer Gewöhnung an freie Selbstthätigkeit eine Abrichtung zu mechanischer Arbeit, an die Stelle eines weiten Ueberblickes über das ganze Gebiet der Wissenschaft eine vorzeitige

Beschränkung auf einzelne Specialuntersuchungen treten zu lassen. Es wird die Aufgabe der Lehrer wie der Schüler sein müssen, diese Klippe zu vermeiden und den Seminaren nur diejenige Stelle im Organismus der gesammten Lehr- und Lernthätigkeit anzuweisen, an welcher sie wahrhaft segenspendend zu wirken und, was ihr Name besagt, Pflanzstätten echt wissenschaftlicher Thätigkeit zu sein vermögen.

Die Ausdehnung, welche die Universitätsinstitute bei uns gewonnen haben, erzeugte alsbald empfindlichen Raummangel in den verschiedenen Gebäuden, die der Universität zur Benutzung zugewiesen waren; ja nicht einmal für die Vorlesungen war immer ein geeignetes Lokal zu beschaffen, ganz abgesehen davon dass es an einer Aula und an passenden Sitzungssälen völlig gebrach. Dazu kam die äussere Zersplitterung der einzelnen Fakultäten, indem die Theologen im Thomasstift, die Mediciner in den Gebäuden der alten medicinischen Fakultät beim Spital, die Juristen und Naturforscher in der Akademie thätig waren und der philosophischen Fakultät hier im Schloss neben der Universitäts- und Landesbibliothek ein Unterkommen angewiesen ward. Doch waren alle diese Räume so unzulänglich, dass einzelne Anstalten der medicinischen, der naturwissenschaftlichen, der philosophischen Fakultät an gesonderten Stellen untergebracht werden oder sich bei anderen Fakultäten zu Gaste bitten mussten. Endlich war, wie bereits gesagt, die Beschaffenheit der meisten Räumlichkeiten der Art, dass sie in keiner Weise die angemessene Lösung der wissenschaftlichen Aufgaben gestatteten. Somit trat die Baufrage alsbald in den Vordergrund der praktischen Interessen; waren doch bezügliche Zusagen bereits mehrfach bei der Berufung der Professoren gegeben worden.

Gerade die grosse Zerstreuung des akademischen Räumlichkeiten musste nun den Wunsch doppelt nahe legen, dass bei der baulichen Neugründung der Universität deren Einheit auch ihren räumlichen Ausdruck fände. Was anderswo im Laufe der Zeiten unabwendbar geworden war, die Zersplitterung der Lokalitäten, liess sich hier vermeiden, und die Universität war in der Ueberzeugung ganz einig, dass es vermieden werden müsse. Als fester Punkt war das Hospital gegeben, von dem die medicinischen Anstalten nicht ohne schwere Schädigung sich trennen liessen. Eine nicht eben bedeutende und von militärischer Seite als ausführbar zugestandene Hinausschiebung des Festungswalles an der Südseite der Stadt, vor dem Metzgerthor und dem Spitalthor, konnte das erforderliche einheitliche Areal schaffen, so gut wie dies für die Bahnhofsanlagen an der Westseite der Fall war. Allein diesem sehr bestimmten Universitätsinteresse trat das städtische Interesse entgegen. Der Plan der Stadterweiterung nach der Nordseite hin drohte zu scheitern, wenn nicht mindestens eine grosse Anzahl der akademischen Neubauten in diesen neuen Stadttheil verlegt würde. Eine Uebersiedelung des Spitals ebendorthin erwies sich als unausführbar; auch war durch den Neubau der Anatomie in der Nähe des Spitals über das Verbleiben der medicinischen Anstalten an der alten Stelle bereits entschieden. Nach langwierigen, von uns mit banger Spannung verfolgten Verhandlungen fiel endlich die Entscheidung: das allgemeine Universitätsgebäude und die naturwissenschaftlichen Institute sollten an der Nordseite vor dem Fischerthor errichtet werden. Die räumliche Einheit der ganzen Universität hatte also dem Interesse der Stadterweiterung zum Opfer fallen müssen. Unser begründeter Schmerz darüber, dass auf diese Weise unsere Universität anscheinend für immer in zwei lokale Hälften zerrissen ist, soll uns aber nicht blind machen gegen manche Vorzüge, welche der neugewählte Platz für die dort zu gründende Hälfte der Universität bot: eine stattlichere Lage, eine freiere Ausdehnung, eine grössere Erweiterungfähigkeit, eine freundlichere, zu Wohnungen der Universitätsgenossen geeignetere Umgebung; auch nicht undankbar dafür, dass die städtische Behörde den Bauten auf dem von ihr gewünschten Terrain mancherlei Vortheile gewährt hat. Wir müssen jetzt hoffen, dass die Unzuträglichkeit, welche unleugbar in der Trennung der beiden Universitätshälften liegt, durch die rasch sich vervollkommnenden Verkehrsmittel gemildert werde, und dass im Uebrigen das harmonische Streben der Lehrer und Schüler hüben und drüben das lebhafte Bewusstsein ihrer Zusammengehörigkeit und der Einheit der Universität stets wach und lebendig erhalte.

Das eine Gute hatte wenigstens die Entscheidung über diese Vorfrage, dass nunmehr rascher mit den Bauten selbst vorgegangen werden konnte. Der Anatomie, welche, 1874 begonnen, im Oktober 1877 eröffnet ward, ist die chirurgische Klinik bald gefolgt; seit dem Januar 1881 steht auch sie vollendet da. Seitdem ist durch Hinausrücken des südlichen Festungswalles ein Theil jenes Terrains, das anfangs für die gesammte Universität in Aussicht genommen war, für die anderen medicinischen Anstalten bereitet worden, welche dort in nicht ferner Zukunft neben einander eine ruhige und würdige Stätte erhalten haben werden. Inzwischen hatte auf der Nordseite der Stadt der Bau der Sternwarte mit ihren Nebengebäuden begonnen; im Spätjahr 1880 bezogen, erregte sie im vorigen Herbst die verdiente Bewunderung der hier tagenden allgemeinen Astronomenversammlung. Nach und nach folgten die Arbeiten an dem chemischen, dem physikalischen, dem botanischen Institut. Zur Ausführung der sämmtlichen Bauten war aus Landesmitteln eine sehr erhebliche Summe ausgesetzt worden. Allein bald erwies sich diese als unzureichend für alle Bauten; überdies war ein langes Hinausschieben, wenn nicht gar ein völliger Verzicht auf den Bau des allgemeinen Universitätsgebäudes zu befürchten, wodurch die ernstesten Interessen nicht bloss einzelner Fakultäten, sondern der gesammten Universität in Frage gestellt wurden. Es bedurfte nur der Kenntniss dieser Gefahr, um den deutschen Reichstag zu bewegen, dass er den Bau eines allgemeinen Universitätsgebäudes aus Reichsmitteln bei der Reichsregierung beantragte, worauf dann der Fürst Reichskanzler die Ausführung dieses Beschlusses in seine kräftige Hand nahm. Ich verweile heute nicht bei den weiteren Stadien dieser Angelegenheit; das Endergebniss stellt sich täglich deutlicher und greifbarer unsern Blicken dar: eine grossartige Gesammtanlage, wie sie nicht viele deutsche Universitäten aufzuweisen haben dürften. Die Front wird der stattliche Renaissancepalast der neuen Universität einnehmen, schon in seinem Aeusseren an die Zeit erinnernd wo unter dem Einfluss des Humanismus die Universitäten die tiefste Wirkung auf den deutschen Geist auszuüben begannen, in seinem Innern die Repräsentations-, Geschäfts- und Sitzungsräume mit den Hörsälen, den Seminaren und den Kunstsammlungen vereinigend. Hinter diesem Bau dehnen sich um eine gemeinsame Gartenanlage die naturwissenschaftlichen Institute aus, bis das Ganze in den Bauten der Sternwarte und dem Grün des sie umgebenden botanischen Gartens seinen Abschluss erhält. Nach Westen wird einst der Blick über die Ill und den Kaiserplatz auf die fernen Vogesen, nach Osten über den Rhein zum Schwarzwald schweifen, beide Hälften unserer schönen Rheinebene bis an ihre duftigen Berggrenzen umfassend — ein Zukunftsbild, welches uns für manche Zögerung und manche geteuschte Hoffnung zu entschädigen vermag.

Hochverehrte Anwesende, kehren wir zur Gegenwart zurück, werfen wir von da noch einmal einen Blick auf die Vergangenheit. Vieles ist noch unfertig, Vieles im Rückstande; überall zeigt sich dass wir noch im Anfange unseres Wirkens stehen. Aber das was erreicht ist erfüllt uns mit der Hoffnung, dass wir nur auf dem gelegten Grunde weiterbauen dürfen, um unseren hohen Zielen allmählich immer näher zu kommen. Es erfüllt uns zugleich mit innigem Dank gegen die, welche der Universität ihre nicht immer einfache Aufgabe erleichtert haben. Unser Dank gilt allen den hohen und höchsten vorgesetzten Behörden des Reichslandes und des Reiches, welche unsere Interessen vertreten und gefördert haben; er gilt dem elsass-lothringischen Landesausschuss, welcher die Mittel für unsere Bauten wie für unsere Jahresbedürfnisse gewährt und zu wiederholten Malen unserem Streben seine wohlthuende Anerkennung nicht versagt hat; er gilt dem hohen Reichstage, welcher nicht bloss das neue Universitätsgebäude uns geschenkt hat, sondern auch durch einen bedeutenden jährlichen Zuschuss zu unserem Etat der Universität des Reichslandes gewissermassen den Charakter einer Reichsuniversität verleiht. Und an noch weitere Kreise richtet sich unser Dank. Wir empfinden es als etwas Grosses, uns getragen und gehoben zu wissen von dem warmen Wohlwollen der ganzen Nation, welches fort und fort in jeglicher Weise sich kund gibt; wir sind stolz darauf, auch über Deutschlands Grenzen hinaus einem lebhaften Interesse an unseren Bestrebungen zu begegnen. Insbesondere vergessen wir es nicht, was einer meiner Vorgänger bei festlichem Anlass an dieser Stelle aussprach, dass es unsere eigenste Aufgabe ist, «hier an der Grenzscheide zweier Nationen, welche, obwohl sie einander oft wehe gethan haben, doch einander viel verdanken, von deren richtigem Verhältniss viel für den Gang der Weltgeschichte abhängt, an der Herbeiführung dieses richtigen und für beide gleich wünschenswerthen Verhältnisses ein wenig mitzuwirken». Das können wir thun und das suchen wir zu thun, indem wir die wahre Wissenschaft, die hoch über allen nationalen Schranken steht, ohne alle Nebenrücksichten zu hüten und zu pflegen bemüht sind, wohl wissend, dass wir damit zugleich dem Vaterlande am besten unsere Schuld abtragen. Eines ist von dem Andern unzertrennlich; *litteris et patriæ* heisst daher auch der Wahlspruch, mit dem wir gebeten haben unser neues Universitätsgebäude zu schmücken.

Dass unser Werk zum Heile der Wissenschaft und zum Segen des Vaterlandes gelingen könne, dazu bedarf es aber noch Eines. Der erste Gruss, welcher heute vor zehn Jahren unserer Universität dargebracht ward, kleidete sich in die schönen Worte: «Möge die neue Hochschule eine Pflanzstätte deutschen Geistes und deutschen Lebens werden, möge sie muthigen Sinnes eintreten in die Reihe ihrer Schwestern für deutsche Wissenschaft und wahre Bildung, und möge ihr endlich beschieden sein, ihr Werk des Friedens in Frieden zu vollenden.» Das war der Gruss Seiner Kaiserlichen und Königlichen Hoheit des Kronprinzen. Dass aber der Friedenswunsch zur Wahrheit geworden ist, verdanken wir der Weisheit seines erhabenen Vaters, unseres Kaisers, und seiner erleuchteten Rathgeber. *Fortis Pius Felix*, so lauten die althergebrachten Ehrentitel, mit denen wir auf unseren öffentlichen Urkunden den *Imperator Augustissimus* zu bezeichnen pflegen; scheinen sie nicht wie eigens für unseren Kaiser erfunden? Von all dem vielen Glück aber, das ein langes arbeits- und segensreiches Leben dem tapferen und frommen Herscher beschieden hat, ist keines höher zu preisen, als dass es ihm vergönnt gewesen ist im Herzen Europas sein Reich als Schutz und Hort des Friedens zu errichten und dessen

Segnungen über alle seine Unterthanen, ja auch über die Grenzen des Reiches hinaus, zu verbreiten, Segnungen, welche niemand mit innigerem Dank empfängt und empfindet als wir hier in dem jüngsten Gliede des deutschen Reiches.

Hochansehnliche Versammlung! Andere Universitäten pflegen als ihren festlichen Gedenktag den Geburtstag ihres Stifters oder des Landesherrn zu begehen. Uns hat Seine Majestät der Kaiser unsern eigenen Geburtstag zum bleibenden Festtage bestimmt. Aber wie der einzelne Mensch an seinem Geburtstage sich zu herzlichem Dank gegen alle seine Lieben und Nächsten, gegen Alle die ihn im Leben gefördert haben, gegen Alle denen er Hingebung und Verehrung schuldet, gestimmt fühlt, so lassen Sie heute auch uns alle unsere Dankgefühle zusammen fassen in dem Wunsche für den Monarchen, der unsere Hochschule gestiftet und seines Namens gewürdigt hat:

Gott segne Seine Majestät!

Gott erhalte unsern Friedensfürsten
Kaiser Wilhelm!

Anmerkungen.

Zu Seite 6. Gestorben: Die Professoren Bruch, Stahl, Wilmanns, Baum, Spach, Schimper, Woltmann.

Zu Seite 6. Durchschnittsalter. Vgl. Et. Laspeyres, das Alter der deutschen Professoren. Berlin 1876. Die Angaben über die hiesigen Professoren sind aus den Akten entnommen.

Zu Seite 8. Abberufungen. Ordinarien, nach Athen: Köhler; nach Berlin: Brunner, Leyden, Scherer, Gusserow, Schmoller; nach Göttingen: Schultz, Weizsäcker; nach Leipzig: Springer, Binding, Windisch; nach Marburg: Graf Baudissin; nach München: Bæyer. — Extraordinarien, nach Dorpat: Lexis, Löning; nach Erlangen: Steinmeyer; nach Freiburg: von Holst, Warburg, Kraus; nach Giessen: Röntgen: nach Göttingen: Graf Solms-Laubach; nach Graz: Freiherr von Krafft-Ebing; nach Heidelberg: Rosenbusch; nach Jena: Stahl; nach Rostock: Gœbel, Götte; nach Wien: E. Schmidt. — Privatdocenten, nach Dorpat: Stieda, Rählmann, H. H. Meyer; nach Erlangen: Zweifel, Vollmöller, Luchs; nach Hohenheim: Röntgen; nach Pest: Mihalkowics; nach Tokio: Tiegel. Hier befördert: Jacobsthal, Kohts, Götte, Lobstein, Kuhn. Uebergesiedelt, nach Berlin: Friedländer, Baumann, Rödiger, Sonnenburg; nach Leipzig: Harnack; nach Münster: Koschwitz. — Emeritiert: C. Schmidt, Bergmann, Böhmer, Strohl, Schimper. — Lectoren abgegangen: Segarra, White, de Ugarte.

Zu Seite 22. Seminare u. s. w. Rechts- und staatswissenschaftliche Fakultät: juristisches Seminar, mit mehreren Abtheilungen; staatswissenschaftliches Seminar. — Philosophische Fakultät: philosophisches Seminar; Institut für Alterthumswissenschaft, mit einer griechischen und einer lateinischen Abtheilung; historisches Seminar, für mittelalterliche deutsche und für neuere Geschichte; kunstarchäologisches Institut; kunsthistorisches Institut; philologisches Seminar, mit einer griechischen und einer lateinischen Abtheilung, nebst Proseminar; Seminar für deutsche Philologie; Seminar für romanische Sprachkunde, mit mehreren Abtheilungen; Seminar für englische Sprachkunde; geographisches Seminar. — Mathematische und naturwissenschaftliche Fakultät: mathematisches Seminar mit zwei Abtheilungen.

Zu Seite 9.

Uebersicht

über den Besuch der Kaiser-Wilhelms-Universität Strassburg.

Semester.	Immatrikulierte			Gesammtzahl der Immatrikulierten.	Hospitanten			Gesammtzahl der Hospitanten.	Gesammtzahl der die Universität besuchenden Elsass-Lothringer.	Gesammtzahl der Besucher der Universität.
	Elsass-Lothringer.	Altdeutsche.	Ausländer.		Elsass-Lothringer.	Altdeutsche.	Ausländer.			
1872	69	123	20	212	2	3	3	8	71	220
1872/73	112	229	49	390	4	9	5	18	116	408
1873	112	306	49	467	4	14	10	28	116	495
1873/74	123	374	67	564	13	19	4	36	136	600
1874	121	425	75	621	10	16	20	46	131	667
1874/75	142	428	84	654	23	32	11	66	165	720
1875	125	439	85	649	10	7	6	23	135	672
1875/76	105	470	102	677	12	14	4	30	117	707
1876	87	476	111	674	11	8	7	26	98	700
1876/77	95	471	141	707	27	26	3	56	122	763
1877	88	442	94	624	13	14	7	34	101	658
1877/78	106	429	95	630	13	36	6	55	119	685
1878	110	488	96	694	10	23	9	42	120	736
1878/79	132	465	87	684	17	49	8	74	149	758
1879	136	516	90	742	10	32	14	56	146	798
1879/80	158	507	87	752	11	44	16	71	169	823
1880	139	534	108	781	3	32	6	41	141	822
1880/81	175	471	99	745	6	32	8	46	181	791
1881	171	503	96	770	6	21	5	32	177	802
1881/82	209	475	104	788	7	24	6	37	216	825

Zu Seite 18.

Universitäts- und Landesbibliothek.

Gegründet im Herbst 1871.

Bestand zu Anfang des Jahres 1873	220 000	Bände.
Zuwachs während des Jahres 1873	80 000	»
» » » 1874	44 000	»
» » » 1875	26 000	»
» » » 1876	27 000	»
» » » 1877	35 100	»
» » » 1878	32 600	»
» » » 1879	25 700	»
» » » 1880	17 100	»
» » » 1881	17 400	»
Bestand zu Anfang des Jahres 1882	524 900	Bände.

Benutzung der Bibliothek im Jahre 1872	4 920	Bände.
» » » 1873	16 074	»
» » » 1874	26 005	»
» » » 1875	38 947	»
» » » 1876	48 500	»
» » » 1877	52 485	»
» » » 1878	53 585	»
» » » 1879	65 184	»
» » » 1880	67 475	»
» » » 1881	67 245	»
Ausgeliehen in den Jahren 1872-1881	440 420	Bände.

Darunter sind die in den Räumen der Bibliothek selbst benutzten Werke und die im akademischen Lesezimmer ausgelegten Zeitschriften nicht mitbegriffen.

www.ingramcontent.com/pod-product-compliance
Lightning Source LLC
LaVergne TN
LVHW081342011026
849161LV00013BB/2986
9783112694732